JN084304

プログラミングを
わが子に
教えられる
ようになる本

郷 和貴・著
プログラぶっく・監修

フォレスト出版

本書を読む前に ——監修者から読者の皆さんへ

　本書のベースとなっている「プログラぶっく」は、カード型プログラミング学習システムです。

　一般的にプログラミングの学習をするには、パソコンの操作方法、アプリ・ロボットなどの使い方、使用するプログラミング言語の仕様など、多くのことを覚える必要があります。つまり、プログラミングを学ぶ前に覚えなければならないことが多くあるのです。

　本書でご紹介する「プログラぶっく」は、その事前に覚えなければならないことをできるだけ減らし、プログラミングに集中できるようにしてあります。

　カードを並べて"プログラミング"を行ない、スマートフォン（スマホ）でカードを読み込み、動きを確認します。並べる動作は直感的でわかりやすく、スマホの操作も最低限の操作にしてあります。

　「プログラぶっく」は、4歳児以上なら誰でも簡単にプログラミング学習を始めることができます。ぜひ皆さんも、「プログラぶっく」を通してプログラミングを体験してみてください。

悩み・課題① ハードウェアの操作を教えるのが大変

「プログラぶっく」なら… パソコンを使わない学習キットなので、
操作自体が不要！

悩み・課題② PC・タブレットが人数分ない

「プログラぶっく」なら… 各グループに本書とスマホ1台あればOK！

悩み・課題③ 機材が高価

「プログラぶっく」なら… カード型プログラミング学習システムなので、
必要なのは、本書とスマホ（各グループに1台）
だけ。経済的負担が少ない。

悩み・課題④ すぐ飽きてしまうのではないかと心配

「プログラぶっく」なら… キャラクターとストーリーを交えた内容なので、
ボードゲーム感覚で楽しみながらできる。

悩み・課題⑤ 目の疲れが心配

「プログラぶっく」なら… カード型プログラミング学習システムなので、
パソコンが不要。スマホを使う時間も少ない
ので、目の負担が少ない。

悩み・課題⑥ そもそも専門知識を備えた「教える人」がいない

「プログラぶっく」なら… ボードゲーム感覚で遊んでいるだけで、おのず
とプログラミングの基礎知識がマスターできる
学習キットなので、パソコンの操作方法や知識、
数学やプログラミングの知識も一切不要！

CONTENTS

ブックデザイン◎河南祐介(FANTAGRAPH)
カバーイラスト◎matsu(マツモト ナオコ)
協力◎阪口公一、川岸一超
ＤＴＰ◎株式会社キャップス

遊びながらプログラミングの基本的思考を身につける
——課題編

超画期的な教材との出会い
――「はじめに」にかえて

郷　和貴（本書著者、元プログラマー）

プログラミング経験なし、知識ゼロでも
プログラミングを学べる、教えられる

　2020年より小学校でプログラミング教育が必修化されます。株式会社イー・ラーニング研究所が2019年に行なった調査によると、プログラミング教室は「子どもに習わせたいこと」ランキングで、英会話スクールと並び１位となっています。

　このようにプログラミング教育に対する関心が急速に高まる一方で、親御さんや学校の先生たちは次のような悩みを抱えている方が多いのではないでしょうか？

- 子どもにプログラミングを教えたいが、
  経験も知識もないので自信がない
- そもそも何をどう教えていいのかわからない
- お試しで入れるにしても、塾代が高い
- パソコンやタブレットを持っていない（買えない）

　この本は「子どもにプログラミングを教えたい」と思っている親御さんや、「急遽、教えないといけない立場になってしまった」と悩んでいる学校の先生が、

　プログラミング経験やコンピューターの知識がゼロでも、

　パソコンやタブレットを持っていなくても、

幼稚園から小学生の子どもたちに自らプログラミングの基礎を教えられるようになる画期的な1冊です。

　本の後半が、4歳児から小学生の子どもを想定した実際のプログラミング学習キット「プログラぶっく」です。本の前半ではプログラミングを通して子どもに学んでほしいこと（つまり、教える側として理解しておいたほうがいいこと）について、「プログラぶっく」の特徴の説明を交えながら、できるだけわかりやすく解説をしていきます。

「プログラぶっく」は子ども向けの教材ではありますが、大人がやっても頭を使わないと解けない問題もあります。お子さんと一緒にやってみる前に、ぜひ一度、ご自身でチャレンジしていただき、プログラミングがどういうものなのかを体験してもらいたいと思います。

パソコンも不要だから、
パソコン操作での挫折もない

　私の本職はライターです。普段は教育関係者、経営者、政治家などに取材をして文章を1冊の本にまとめる仕事をしています。

　そんな畑違いの私がなぜこの本を書くことになったかというと、**プログラマー経験者でなおかつ3歳の娘**を持つ親だからです。

　文学部を出た私はソフトウェア会社に就職し、3カ月の研修で知識ゼロからプログラミングを学び、電化製品などを動かすプログラムを書いていました。その後はいろいろな職種に就きましたが、**プログラマー時代に経験したことはどんな仕事についても活かされてきた**と実感しています。

そうしたリアルな体験を通して学んだことをいつかは娘に教えたいと漠然と思っていたとき、フォレスト出版の編集長から声をかけていただきました。

「郷さんって昔プログラマーで小さいお子さんいましたよね。子ども向けの画期的なプログラミング教材があるんですけど、試しにやってみませんか?」

　そう紹介されたのが「プログラぶっく」でした。

　初めて見たときは驚きました。なぜなら、紙だから。

「プログラぶっく」は、**命令が書かれた「カード」を専用の用紙の上に並べていくことで、出された問題の条件を満たすように命令を考えていく教材**です。

　他に必要なのは、置かれたカードを読み取って動作確認をするためのスマホと専用アプリだけ。

　つまり、**家にパソコンがない家庭や生徒全員にタブレットを配布できない学校でもプログラミング教育の環境が準備できる**、ということです。

　それに、パソコンがあったとしても、子どもがまだ小さかったり親御さんや先生自身がパソコンの操作が苦手だったりしたら、プログラミングの世界をかじる前にコンピューターの操作で挫折するかもしれません。

「プログラぶっく」はその心配がないのです。やろうと思ったらすぐにできます。

プログラミングの基本的思考が、パズルゲーム感覚で身につく

　さすがに3歳児には早すぎましたが、私も試しにやってみて、さ

らに驚きました。問題で提示される条件を満たすべく、どの「カード」をどの順番で並べたらいいかじっくり考えているときの感覚が、プログラマー時代のそれと見事に一致したからです。この学習キットを使えば実際にコンピューターを使わなくても、**「プログラミングで頭を使うとはどういうものか？」を十分体験できます。**

　しかも、「カード」の種類は必要最小限に絞られており、並べるときのルール（プログラミング言語でいうところの語彙と文法）もほんの少ししかありません。私がかつて「C言語」と呼ばれるプログラミング言語を会社の研修で学んだときは3カ月かかりましたが、**「プログラぶっく」で使われている言語（ルール）を学ぶのは3分もかかりません。**

　ですから、子どもたちも**パズル解きのゲームで遊ぶような感覚で、プログラミングをすぐに体験できます。**もちろん大人もひと通り問題を解いてみれば、ご自身もプログラミングがどういうものなのか体験でき、確実に子どもたちに教えられるようになります。

　さらに「プログラぶっく」では、**並べた「カード」をスマホにインストールした無料専用アプリで読み込むと、かわいいキャラクターが自分の書いたプログラムに従って動いてくれます。**実際のワークショップでの学習風景も見させていただきましたが、キャラクターが動き出した瞬間、子どもたちの目が輝き出します。それはそうでしょう。自分でコンピューターに命令を出してキャラクターを動かしているわけですから、スマホゲームで遊んでいるのとはわけが違います。自分が書いたプログラムが実際に動くという体験を通して、子どもたちはコンピューターをより身近なものと捉えてくれるでしょう。

コンピューターがより身近なものに感じられる――。私が「プログラぶっく」で最も感動したのはここです。文部科学省も明言していますが、小さな子どもたちを対象とした**プログラミング教育の本質は、プログラマーを量産することではなく、デジタル技術を身近なものとして捉えてもらう**ことにあります。

なぜなら、AIやロボットと寄り添って暮らすことになる今の子どもたちにとって、デジタル技術は自分の目的を達成するときの強力な武器になるからです。

その第一歩としてとにかく重要なことは、**子どもが小さいうちにデジタル技術に対するアレルギーをなくす**こと。アレルギーをなくす最善の手段は、子どもたちに「自分がコンピューターに指示を出す側に回る」という体験をしてもらうことです。

その点、「プログラぶっく」は、子どもや大人の導入ハードルを極限まで下げてあるため、最初のステップとして最適です。

私も娘が4歳になったら、「新しいおもちゃを買ってきたよ～! パパと遊ぼ～!」と言って、一緒に遊んでみるつもりです。

本書がきっかけとなって、一人でも多くの子どもと大人がプログラミングの世界を体感し、コンピューターに対する意識が変わっていくことを願ってやみません。

PART 1

プログラミングを
通して
子どもが学べる
5つのこと

解説編

とことん考え抜くことの重要性

「プログラミング的論理思考」って言われても……

　経済界では、慢性的な IT 人材不足ということがよく言われます。国を挙げてプログラマーを大量に育成したいのであれば、コンピューターを使いこなすスキルを身につけたり、最先端のプログラミング言語を習得してもらうことが必要です。

　しかし、文部科学省も先生向けの資料で強調しているとおり、**義務教育におけるプログラミング教育の目的は、プログラマー育成ではありません。**

「プログラムを書くとはどういうものか？」

「コンピューターに指示を出すとはどういうことか？」

　このような経験してもらうことが目的であるとしています。

　文科省の言葉を使えば**「プログラミング的論理思考を身につけてもらうこと」**ということになりますが、正直、プログラムを書いたことがない人には、さっぱり意味がわからない言葉です。

コンピューター（ロボット）に「的確な指示を出す」力が求められている

「プログラミング的論理思考」とは、平たく言えば「とことん考え抜く力」のこと。もう少し具体的に言うと、**「的確な指示を出す力」**ということになります。

　これをそのまま子どもたちに伝えても理解してもらえるように、

わかりやすく説明します。

たとえば、ご家庭でお母さんが「今日は残業で帰りが遅くなるから、昨日の残りのハンバーグでも何でも、適当にチンして食べておいて」と子どもに LINE で連絡したとします。

すると、子どもは自分のお腹が空いたタイミングで、好きなごはんを選んで、電子レンジで温めて食べてくれるでしょう。普段「ごはんを食べるときはスマホを消して食卓について食べなさい」と言われている子どもでも、その日ばかりは YouTube を見ながらソファに座って食べるかもしれませんが、いずれにせよ「子どもにごはんを食べてもらう」というお母さんの目的は達成できます。

では、同じような命令をコンピューター（ロボット）にしたらどうなるでしょうか？

おそらくそのコンピューターは、何も行動が起こせません。

なぜなら、「何時何分何秒に」「どの食材を」「どれだけの量を」「何分温めて」「どこで食べる」という指示がないからです。

もっと言えば、「フォークを使うべきか、おはしを使うべきか？」「お皿はどのタイミングで用意すべきか？」「フォークはどの角度で持つべきか？」「ハンバーグは何回咀嚼すべきか？」といったことまで指示しないといけません。それに「ごはんを食べている最中に宅配便が来たらどちらを優先すべきか？」といったイレギュラーな事態も、あらかじめプログラムとして書いておかないとコンピューターは対処できません。

なぜなら、**コンピューター自体に「判断能力（考える力）」はない**からです。

コンピューターは別名「演算装置」と言われ、高速で計算をすることは得意ですが、与えられた命令を愚直に実行することしかでき

ません。

　そのため、プログラミングをするときはどれだけ例外的なことであっても、「AのときはBをしてね」「CがDに変わったらEをしてね」と、**あらゆる状況を想定して明確な指示を書いておかないといけない**のです。「まあ、こんな感じでよろしく。細かいことは任せたよ」という曖昧な命令では通用しないのです。

　このような体験は、日常生活ではなかなかできません。

コンピューターは究極の「指示待ち人間」！ だから、とことん考え抜いて的確な指示を出す

　ですから、**コンピューターが期待どおりに動いていないとしたら、それは、人間が書いた指示書（プログラム）のミス**です。プログラムのどこかに「穴がある」のです。

　何十万行に及ぶ膨大なプログラムを書いて、徹底的に「穴」をふさいだつもりになっても、たった1行の「指示ミス」で企業のシステムがダウンして、何億円もの損失につながったりします。

　人間の部下だったら、「課長からの指示ではこう書いてあるんですけど、さすがにこれはまずくないですか？」とフィードバックできますが、コンピューターはなんのためらいもなく実行に移します。

　もしコンピューターに「疑ってほしい」なら、「こんな条件のときは実行せず、『異常検知』という文字を画面に表示せよ」といったプログラムを追加しないといけないのです。

　人間社会でも、指示を受けないと動けない人や、杓子定規で融通の利かない人はたくさんいます。そういう人に何かをしてほしかったら、「面倒くさいなぁ」と思いながらも事細かく指示を出すはずです。そして「もし判断に迷ったら聞いてね」とクギを刺すはずです。

　コンピューターというものは「指示待ち人間」「杓子定規人間」の究極系。自分で考える能力がないから、**プログラムを書く人間が、かわりに考え抜かないといけない**のです。

「プログラミング的論理思考＝とことん考え抜く力＝的確な指示を出す力」

　というのは、こういう意味です。

　特に**プログラミングで難しいのが、「想定外をなくす」という作業**です。

　なぜなら、想定外のことに気づくためには、自分の考え抜いた結果に対して「きっとどこかに穴があるだろう」と疑いの目を向けたり、プログラムが正しく動かないときに、自分の過ちを素直に認める必要があるからです。

　人は先入観の塊ですから、その先入観をいかに捨て、広い視野でものごとを考えられるかが、いいプログラマーと悪いプログラマーの違いと言っても過言ではありません。

従来のプログラミング教育は、プログラミングを学ぶ前のハードルが多すぎる

　このように、子どもにプログラミングを体験してもらう価値は、コンピューターに出す指示を考え、失敗を重ねながら、「あーでもない、こうでもない」とひたすら考え抜く行為そのものにあります。

　しかし、従来のプログラミング教育は、大きな弱点を抱えています。それは、プログラムで悩む段階に入る前に、次のようなハードルを乗り越えないといけないことです。

・機材を用意しないといけない（コンピューターやタブレットなど）
・機材の使い方を習得しないといけない（マウスやキーボードの使い方など）
・プログラムソフト自体の使い方を覚えないといけない（インストールの仕方、操作の仕方など）
・プログラム言語を覚えないといけない（命令の種類、命令の出し方など）

いかがでしょう？

コンピューターにまったく関心のない子どもたちが果たしてこれらのハードルを乗り越えられるでしょうか？

普段は虫取りやサッカーに興じる子が、言われるがまま大人しく机に座って、訳のわからないソフトの操作を覚えようとするでしょうか？

実際に**子ども向けのプログラミング入門の本を買っても、前半はソフトのインストールの仕方の話が延々と続き、続いてソフトの使い方の話になっていきます。**

小さいときからコンピューターに慣れ親しんでいてプログラミングに興味のある子どもであれば、放っておいてもあっさり乗り越えられるハードルではあります。

しかし、これからのプログラミング教育は、あらゆる子どもにプログラミングを体験してもらう趣旨のものです。ということは、**導入のハードルはできるだけ低いほうがいい**のです。

プログラミング的論理思考が身につく！
導入ハードルがとことん低い学習キット

　今、小学生を対象としたプログラミング教育で標準的に使われている プログラミング言語は「Scratch（スクラッチ）」と言います。プログラムを一字一句書いていく一般的なプログラミング手法（テキストプログラミング）と違って、命令が書かれているボックスをドラッグ＆ドロップしながら並べていくことで、1つのプログラムを完成させるスタイルです（ビジュアルプログラミングと言います）。キーボードにカチャカチャ打ち込む必要がないため導入のハードルが低く、子どもがプログラミングの基礎を学ぶツールとして世界的な標準になっています。

　しかし……です。

　私もScratchを触ってみましたが、命令の種類が多く、ソフト自体も見た目はかわいいですが、それなりに多機能です。決して「誰でもすぐにプログラミングができる」というものではありません。

　もちろん、その分Scratchを使いこなせるようになれば、子どもでもいろいろなアプリやゲームをつくることができる、という意味ではありますが、最初の一歩にしてはあまりに大きなステップを踏まなくてはいけません。

　その点、本書でご紹介する**「プログラぶっく」は、プログラミング教育で本来求められている「考え抜く」という肝心の作業が終わるまではすべて紙で完結する**ので、導入のハードルは限りなくゼロに近いです。

　動作確認はスマホで行ないますが、操作は簡単ですし、別にここ

は大人が代わりにやってあげてもいいのです。だからこそ、**「プロ グラぶっく」は4歳の幼稚園児でもできる**のです。

　子どもをプログラミング教室に通わせたり、プログラムができる ロボットを買ってあげようかなと思いつつも、そもそも子どもにプ ログラミングに興味を持ってもらえるかわからないと躊躇される親 御さんは多いかと思います。そのとき、**入門の入門として最適**なの が「プログラぶっく」です。

課題解決の手段として
プログラミングを学ぶ

　先ほど挙げたような導入のハードル以前の問題として、**プログラ ミング教育で最も難しいのは「いかに子どもたちにプログラミング に興味を持ってもらえるか」**です。

　当然、子どもたちの趣味嗜好はバラバラです。いくらプログラミ ング教育の機会を子どもに提供したところで、「なんでこんなこと やらないといけないの?」と感じる子どもは少なくありません。ま してや、大人が「プログラマーになったら就職で困らないよ」とか、 「文科省が決めたカリキュラムだから」と力説したところで、子ど もには1ミリも刺さらないでしょう。むしろ、やらされ感が増して、 やる気が失せるかもしれません。

　では、子どもたちにプログラミングに対する興味関心を持っても らうためにはどうしたらいいか?
　それは**「プログラミングを学ぶこと」を目的にしない**ことです。
　これはプログラミングの本質でもあり、プログラミングとは「コ ンピューターに指示を出す行為」にすぎません。その結果として、 何か大きな目的を達成することがゴールです。

　よってプログラミング教育も**「目的ありきで、その手段としてプログラミングを習得していく」**という設計が、モチベーション的に最も効果的です。

　料理にたとえれば、プログラミングは包丁さばきを学ぶようなものです。それは、あくまでもおいしい料理をつくるという上位の目的を達成するための手段。料理をつくらないのに「じゃあ、今日は包丁の使い方の練習をしよう」と子どもに言っても、ほとんどの子どもには苦痛でしかありません。「おいしい料理つくりたくない？じゃあ、包丁の使い方をちょっと練習してみよっか」

　この順番が大事なのです。

　その点「プログラぶっく」は、**感情移入がしやすいようにキャラクター設定と物語設定があって、1つひとつの問題で課題が出ます。**子どもたちの興味を惹くのはここなのです。

「このキャラクターを動かさないといけない（動かしたい）」という願望がまず湧く。次に、それを実現するための方法（プログラム）を考える。

「プログラぶっく」を使ったワークショップでも、子どもたちは目をキラキラさせながら問題に取り組みますが、**そのモチベーションの源泉は、「プログラミングを勉強したいから」ではありません。子どもたちは「課題を解きたい！」と必死なのです。**

ボードゲーム感覚で遊びながら、プログラミングの3大構造が学べる

「プログラぶっく」は超入門用の教材ではありますが、問題を1つずつクリアしていく過程で、「プログラミングの3大構造」と呼ばれる**「順次」「繰り返し」「分岐」**という3つの概念をしっかり学ぶことができます。

概念という表現がしっくりこないなら、**「コンピューターへの指示の出し方の基本的な型（かた）」**のことだと思ってください。

　これらの概念は、世の中に存在するあらゆるプログラミング言語に共通するものですから、「プログラぶっく」で学んだことが無駄になる心配はありません。むしろ Scratch など、より本格的な言語に挑戦するときに「あ、これプログラぶっくと同じだ」という感覚が持てるので、スムーズに導入ができます。

　では、それぞれについて説明します。

プログラミングの3大構造（その1）【順次】

「プログラぶっく」では、専用の用紙（並べるシート）の上に命令が書かれたカードを順番に並べていきます。それをスマホの専用アプリで読み取ると、コンピューターは基本的にその命令を上から下に1つずつ処理していきます。

「上から下に1つずつ処理する」というのが「順次」の意味です。

　ここで子どもたちに理解してほしいのは、**「指示を出す順番」**の重要性です。

　たとえば、カレーをつくるとき、「どの野菜から切るか」は重要なことではありません。ただし、「野菜を洗う」「野菜の皮を剥く」「野菜を切る」という順番に関しては少し気を遣うと思います。なぜなら、その順番が前後してしまっては「カレーをつくる」という目的が達成できないからです。

　このように、プログラムを書いていると、指示を出す順番に自由があるものと、順番にこだわらないといけない箇所が混在していることに気づきます。

　現実世界で言えば、「順次」の概念は、「段取り」のようなもので

す。因果関係を考え、物事の展開を先読みして、行動計画を立てる。こうした段取り力は、日常生活でも教えることはできますが、プログラミングの世界では100％の精度が求められるため、より学習効果が高まるのです。

プログラミングの３大構造（その２）
【繰り返し】

子どもに漢字の書き取りをしてもらうとき、「教科書に書かれた漢字を見る」「ノートを開く」「漢字を10回書く」という行動を何回も繰り返してもらうことになると思いますが、１つの漢字書き取りが終わるたびに大人が「また教科書を開いて漢字を見てね。ノートを開いてね。10回書いてね」と指示を出すことはないでしょう。１回流れを教えたら、あとは「じゃあ、この繰り返しでこのページの漢字全部をやってね」と言うはずです。

これが「繰り返し」の概念です。

プログラミングの世界では、同じ指示を何回も繰り返すことになる場面で、**繰り返される指示をひとまとめにして「これを何回繰り返す」という指示を出す**ことができます。

「プログラぶっく」は、プログラムカードの種類と枚数、そしてそのプログラムカードを置く用紙（並べるシート）の行数に限りがあるため、「繰り返し」を使わないとプログラムが完成しない問題がいくつかあります（課題５以降）。

ここで多くの子どもたちは「カードが足りないからできない！」と騒いだり、友だちのカードを借りようとしますが、**決められた制約の中でプログラムを考えることもプログラミング教育の大切な一面**です。

「そうだね。このままだと完成しないね。じゃあどうやったらいい

かな？」とさらなる思考を促し、子どもたち自身で答えを見つけてほしいと思います。

　勘の鋭い子どもであれば、「繰り返し」を使うことで指示を出す手間は圧縮されるものの、実際のコンピューターの作業量（漢字を書き取る子どもの作業量）が減るわけではないことに気づくかもしれません。それは事実ではありますが、今後、さまざまな場面で人やコンピューターに指示を出す側にまわる子どもたちに**「効率よく指示を出す」**という概念を覚えてもらうことは非常に重要です。

プログラミングの３大構造（その３）【分岐】

「順次」と「繰り返し」はコンピューターに「行動の指示」を出すものですが、**「分岐」はコンピューターに「判断の指示」を出すもの**です。

　具体的には、**「分岐」はプログラムを枝分かれさせたいときに使います**。先ほど「順次」の説明で、「コンピューターは与えられた指示を上から下に１つずつ処理する」と書きましたが、例外となるのがこの「分岐」です。「Aという条件のときはこのプログラムを実行せよ。それ以外のときはこのプログラムを実行せよ」といったように、**状況次第で実行するプログラムを枝分かれさせることができる**のです。

「雨の日は長靴を履いて傘を持って行きなさい」という指示であれば、「雨の日は」の部分が「分岐」にあたります。

　たとえば「プログラぶっく」では「スマホのアプリ上で画面のタッチを促す」というプログラムカードがあります（課題８）。

　これを使えば、A地点からB地点にキャラクターを移動させるときに、キャラクターをA地点で「入力待ち状態」にして、そこ

で「右」が押されたら右に迂回するルート、「左」が押されたら左に迂回するルートを通るようにプログラムを書くことができます。

世の中のプログラムは、複雑な処理（複雑な状況判断）を実現するために無数の分岐が幾重にも重なって構成されています。プログラミングのおもしろさと難しさを存分に体感できるのが、この「分岐」です。

プログラミング言語は、時代によって変わる

お子さんにプログラミングを教える過程で、「プログラミング言語って何？」と質問されることがあるかもしれません。プログラミング言語とコンピューターの関係について少し補足させてください。

プログラミング言語とは「コンピューターに指示を出すときに使う外国語」だと思ってください。外国語なので独自の語彙と文法があります。

この語彙と文法を覚えることを「プログラミング言語を習得する」と言います（「プログラぶっく」の場合は、命令が書かれたカードの種類とその機能、あとはカードの置き方に関するいくつかのルールを覚えることが、それにあたります）。

どのプログラミング言語も、実際に外国語を学ぶことと比べたらはるかに語彙が少なく、文法もシンプルなので、プログラミング言語の習得自体は一般の人が思っているよりはるかに簡単です。

ただし、コンピューターはプログラミング言語をそのまま理解して動くわけではありません。コンピューターはその指示をいったん「コンピューター独自の言語」に翻訳をして、動いています。

言うなれば、フランス語しか話せないコンピューターに対して、

日本人がわざわざ英語で指示を書いているようなものです。そして英語で書かれた指示をフランス語に翻訳をかける。するとコンピューターはちゃんと動きます。

ただ、ここでこんな疑問を持つかもしれません。

「最初からフランス語でプログラムを書けばいいじゃん」

たしかにそうですね。しかし、コンピューター独自の言語は「数字の0と1の組みわせ」で書かれた複雑怪奇なものなので、人間が直接書いたり読んだりするには、あまりに不便です。

つまり、プログラミング言語は、あくまでも**「人間側がコンピューターに指示を出しやすいように人為的につくった言語である」**ということです。

世の中にはプログラミング言語はたくさんあり、それぞれ用途や得意なことが異なります。

たとえば、「HTML5」「CSS」といった言語はホームページをつくる人が使いますし、ウェブサービスを開発する人ならそれらに加えて「Ruby」といった言語を使っています。最近流行りのAIを使いたいなら「Python」という、グーグルが開発した便利な言語があります。

私がかつて覚えた「アセンブリ言語」と「C言語」はプログラミングの世界では古典的なもので、今の最先端のプログラマーはほとんど使わないでしょう。

このように、**いろいろなプログラム言語が生まれては消えています。**

先ほどScratchの例を出しましたが、**Scratchもプログラミング言語**です。教育目的に開発されたもので、特徴は文字をカチャカチャ打たなくてもプログラムが書けることです。実際にScratchで書かれたプログラムがコンピューター上で動作するときは、「こ

の命令は、コンピューター独自の言語ではこういう意味だ」という翻訳をかけた上で実行されています。

　もちろん**「プログラぶっく」もプログラミング言語**の一種です。置かれたカードをスマホで読み取る段階で「翻訳」をかけています。**言語としての特徴は、カードを並べるだけでいいこと。**そして、コンピューターに出せる指示には制限があるものの、語彙も文法もできる限り少なくしてあるため、小さな子どもでもすぐにプログラムが書けることです。

　プログラミング言語がどういうものかイメージを掴んでいただけたでしょうか？

　ここで重要な結論は、**プログラミングにおいてプログラミング言語はただの手段にすぎない**ということです。

　「プログラぶっく」開発者の飛坐賢一さんは、高校でプログラミングの授業を担当されていますが、その授業では「言語を丸覚えしようとするな」と力説されているそうです。

　なぜなら、語彙や文法で不明瞭なことが出てきたら、その都度インターネットで検索すれば済む話だから。それに、**その言語を完璧にマスターしたところで、10年後には古臭い言語になっている可能性もある**からです。

　そもそも近い将来、日本語でスマホに語りかけるだけでプログラムが書ける時代がくるかもしれません。そうなったときに、キーボードで早くタイピングができることや難しいプログラミング言語を完璧に覚えていることの価値はなくなり、**いかに的確な指示が出せるかという「考え抜く力」だけが勝負の世界になる可能性もある**のです。

プログラミングで大事なのは「国語力」

文系が活躍するプログラマーの世界

コンピューターの画面に表示される膨大な数列。それを見ながら高速でキーボードに命令を打ち込む科学者……。

映画ではこのようなシーンがよく描かれますが、その影響もあってか「プログラミング＝理系」というイメージを持たれる方がほとんどかと思います。

しかし、それは大きな誤解です。**数学や物理が苦手なプログラマーはいくらでもいます。むしろ文系のプログラマーのほうが多いくらいです。**

「うちの子は算数や理科が苦手だから、プログラミングもできないだろう」

「私は数学が苦手だから、プログラミングを教えられない」

と早合点して悩む必要はまったくありません。

私も高校時代の微積分のテストで0点を取ったような超文系人間で、文系を代表して数学を学び直す本も書いていますが、その本では私が元プログラマーであったことは伏せられています。私としてはプログラミングと数学は関係がないことを書きたかったのですが、読者から「理系人間じゃないか」とクレームが入るかもしれないということで、その文章はカットされてしまいました。

でも、**実際に数学ができなくてもプログラミングはできます。**

「プログラぶっく」の開発者、飛坐さんも学生時代の理系科目は赤点だらけだったそうです。しかし、30年間近くゲーム開発の最前線に携わってきて数学が苦手で困ったことはほとんどないと言います。

　たとえば、画面に描写しているキャラクターを回転させるときに、コンピューターの内部では高校数学で習う三角関数（sin、cos、tan）が使われます。しかし、実際にプログラムを書いているときは「何度回転しろ」と命令を書き込むだけで済むケースがほとんどで、プログラマー本人が三角関数を意識する必要はほとんどありません。

　30年のキャリアで例外的に三角関数を直接書かないといけないケースが２回ほどあったそうですが、そのときも文献やインターネットを調べて、数学が得意な誰かが書いたプログラムを参考にするだけで事足りたそうです。

　このように、数学や物理ができなくてもプログラミングはできます。

なぜ「プログラミング＝理系」というイメージが定着したのか？

「プログラミング＝理系」というイメージが定着した背景を考えると、そもそもコンピューターが「人間には処理できない複雑な計算をしてくれる道具」として生まれたことがあると思います。言うなれば、コンピューターは「超優秀な電卓」。世界初のコンピューターは砲撃時の弾道を計算するためにアメリカで開発されました。

　仕事で「超優秀な電卓」を真っ先に必要とするのは物理学者のような科学者ですから、「コンピューター＝理系」という先入観が生まれ、そこから「コンピューターに命令を出す人（プログラマー）

＝理系」というイメージにつながったのでしょう。

「コンピューターを使って何をするか」という大本の話と、「コンピューターをどう使えば目的が達成できるか」という手段の話は、分けて考えないといけません。

　たとえば、子どもがデータサイエンティストになりたいのであれば、大本の話として膨大なデータを調理・加工していくための高度な数学知識（統計学など）が必要になります。しかし、プログラミングは後者の「手段」の話です。そこに理系スキルは必ずしも要らないということです。

プログラミングで求められる 2つの能力

　では、プログラミングで求められるスキルは何かというと、大きく分けると2つです。

◎**的確な指示を考え抜く能力（論理的思考力、疑う力、伝える力）**
◎**与えられた前提条件や課題を正確に読み解く能力（読解力）**

　この2つの能力を同時に必要とする科目は、実は「国語」です。
「プログラぶっく」の開発者の飛坐さんが高校でプログラムを教えるとき、最初の授業では決まって生徒たちに「プログラマーになるために一番大事な授業は英語である。なぜなら最先端の情報はすべて英語で書かれているから」と前置きをした上で、「じゃあ、2番目に大事な授業はなんだろう？」と質問をするそうです。大半の生徒が「数学」「物理」と答える中で、「国語」と答える生徒はほとんどいないと言います。

　1つ目の**「的確な指示を考え抜く能力」**については、前節で触れたとおりです。

　私もライターとして文章を書くときにいつも意識しているのは、読み手にこちらの意図が正確に伝わるかどうかです。実用書のライターは「物語」を伝えるのではなく、「物事」を伝えるのが仕事ですから、書いた文章が読み手の頭にストンと入って理解されないと意味がありません。そのために「こんな書き方をしたら反発する人がいないかな？」「この表現でみんな理解してくれるかな？」「どういう順番で書いたら読者が一番迷わないだろうか？」と、一度書いた文章を常に疑いながら推敲を重ねています。これは、プログラマー時代に身についた習慣だと思っています。

　そして、もう1つ重要なのが、後者の**「読解力」**です。「プログラぶっく」で出される問題には、ちょっとした罠が仕掛けてあります。問題を読んで「ふんふん。簡単じゃん」と言ってプログラムカードを並べても、スマホで動作確認をしてみたら、予想とは違う動きをする。そして「えー！　なんでー！」と困惑する子どもたち。これが「プログラぶっく」のワークショップではおなじみの光景です。そこで問題文に書いてあった前提条件を読み違えていたことにすぐに気づく子もいれば、最後まで「絶対に自分は合っている」と主張する子もいます。

　私たち大人が社会生活を送る中で、理解のズレがミスにつながることはよくあることです。

◎自分に今何が求められているのか？（ゴールの理解）
◎こんなときはどう行動（判断）すればいいのか？（ルールの理

解）

◎どんな手段を使っていいのか？（制約の理解）

　これらの認識が１つでも間違っていると、ミスコミュニケーションが起きます。

　特にプログラマーは、自分一人でゲームをつくるようなケースを除けば、上司やクライアントがそのプログラムで実現したいことを理解したうえでプログラムをつくるケースがほとんどです。しかも、実際には複数のプログラマーが役割分担をしながら大きなプログラムをつくっていきます。

　そのときに、**「自分に与えられたゴールやルール、制約を理解できないとチームとして機能しない」**ということが、プログラミングを通して学ぶことができるのです。

　ちなみに、親子で参加するワークショップでは、読解力が求められる問題で子どもが引っかかる割合は５割くらい。かたや、お父さんやお母さんが引っかかる割合は８割です。

　その理由は、大人になるほど先入観が強くなり、自分の理解が正しいと過信してしまうからです。

失敗から学んでいく

「デバッグ」は
プログラミングの醍醐味

　プログラミングの世界と聞くと、「緻密な計算ができる人が、高速で完全無比なプログラムを書き切る」というイメージがあるかもしれませんが、実際には「失敗の連続」で成り立つ、非常に泥臭い世界です。

　特に求められる機能が複雑になればなるほど、プログラマーが考え抜かないといけない範囲も爆発的に増え、「さすがにもう大丈夫だろう」と思っても、不具合が次から次へと起こります。その都度、原因を究明し、手直しをするという作業がプログラマーの主な仕事と言っても過言ではありません。

　プログラム上の不具合のことを「バグ（bug、虫)」と言い、不具合を直す作業のことを「デバッグ（debug)」と言います。

　天才プログラマーと呼ばれるような人でも、プログラムをひと通り書いてみて、一発でバグのない完璧なプログラムを書くことはほぼありません。

　そもそも世の中に存在するプログラムの大半は、一人の人の手で書かれたものではありません。チームで分担することもあれば、誰かがつくったプログラムを土台に改造していくものもあります。よって、なおさら**プログラム全体の整合性をとる（＝ロジックの穴をふさぐ）ことはどうしても避けられない作業**なのです。

ちなみに課題8では、すでに出来上がったプログラムの一部を空白にしてプログラムを埋める体験ができるようになっています。言ってみれば、赤の他人の頭の中を分析して、問題箇所を特定するということですから、子どもにとっては新鮮な思考訓練となるでしょう。

　私もプログラマー時代、大手家電メーカーの工場に缶詰になって液晶テレビを制御するプログラムなどを書いていましたが、実際にプログラムを書いている時間は少なく、8割の時間はデバッグ作業でした。

　たとえば、メーカーの品質管理の担当者から「電源ボタンを連打していると1000回に1回くらい、画面がこんなふうになってしまうんですよね」といった報告が飛んできます。その時点でわかっていることは画面の状態だけ。そこから犯人探しが始まります。

　たとえば「画面がこんな表示になるということは、本来、実行されるべきではないプログラムが何かしらの原因で実行されているのかもしれない」と仮説を立てます。そして、怪しい箇所が実行されているかどうかがわかるように、そこに「バックライトを点滅させる」といった検証用のプログラムをパパッと付け足します。その上で、不具合が起きるまでひたすら電源ボタンを連打します。

　読みが的中し、不具合が起きるタイミングでバックライトが点滅したら、次に「このプログラムが実行されるケースはどういうルートがあるか?」ということを、膨大なプログラムを隅々まで眺めながら調べていきます。

　するとたいていの場合、どこかにロジックの抜けが見つかるもの

です。犯人が見つかったら対策を施し、最終チェックとして真夜中の工場の片隅でひたすら電源ボタンを連打するというようなことをしていました。

　目に見える現象を手掛かりに仮説を立て、検証の仕方を考え、検証する。そうやって少しずつ包囲網を狭めていき、犯人を捕まえる。気分はもはや探偵です。

　デバッグのおもしろさは、捜査の仕方すら自分で考えないといけないことです。**プログラミングは間違いなく問題解決能力の向上にも役立ちます。**

教えるときの注意点①
「失敗を責めない！」

　子どもが「プログラぶっく」を解いていく過程でプログラムが期待どおりの動きをしない、もしくは、出された問題の条件を満たさないことは必ず起きるはずです。

　そのときに親御さんや先生にできるだけ気をつけていただきたいのは、失敗したことを責めないことです。**失敗を責めてしまうと子どもにプログラミングに対する苦手意識を植え付けるだけ**です。

　これではコンピューターを身近なものとして感じてもらうという一番の目的すら達成できなくなってしまいます。

　「プログラぶっく」におけるスマホを使った動作確認は、学校で言う「テスト」ではなく、あくまでも**「仮説検証」の行為**です。１回で成功することにこだわる必要はまったくないのです。

　ちなみに「プログラぶっく」では、読み取ったカードが問題の条件を満たしていないとき「残念」という表示が出るだけで「不正解」という強い言葉はあえて使っていません。

　これは、以前取材したAI開発者から聞いた話ですが、その方が

大学でプログラミングの授業をしていると、毎年何人か「実行ボタン」を押せない生徒がいるそうです。その生徒は頑張って考え抜いてプログラムを書いているのです。しかし、「正しく動かなかったらどうしよう」という恐怖に負けて、ボタンが押せない……。いくらその先生が「間違えていたら直せばいいんだよ」「一発で動いたかどうかで成績は変わらないよ」と説得しても、ダメなんだそうです。

　よほど小さいときから「100点を取らないと価値がない」「絶対に失敗をするな」と育てられてきたのでしょう。その話を聞いたとき、「正解」というものが平気で揺らぐこれからの社会を、その子たちはどうやって生きていくのか気になってしょうがありませんでした。

　このような子どもにしないためにも、せめてプログラミング教育を施すときだけは**「失敗は当たり前」という感覚を植え付けてほしい**と思います。そして**「失敗に気づくことは正解に近づくための大事な一歩である」**という感覚を子どもたちに伝えてほしいと思います。

　大人に具体的にできることは、**必要以上に口を出さない**ことです。

　子どもが置いたカードが明らかに間違っていても顔色を変えない。子どもが「できた」と言ったら、「じゃあ、読み取るね」と言って、読み取ってあげる。画面に「残念」と表示されたら、大人も「残念。じゃあ、どこを直せばいいかな？」と**淡々と反応しながら、うまく思考を誘導してあげるだけでいい**のです。

　そして、**最終的に正解に辿りついたときに「やったね！」と一緒に喜び**を分かち合い、小さな成功体験を積み上げていってほしいのです。

教えるときの注意点②
「答えを言わない！」

　大人の心構えとして失敗を責めないことと同様に重要なことは、できるだけ答えを言わないことです。

　最初にプログラムカードを選んで並べている時点で、頭は使います。しかし、それだけでは考え抜いたと言えません。

　本当の意味で考え抜くというのは、**自分が「こうだろう」と思っていた先入観に気づき、それをどんどん更新していく**ことです。

　プログラミングと先入観は非常に密接な関係にあり、プログラミングで起こりうる不具合は、プログラムを書いた人の先入観で生まれるものです。わざわざ不具合を残してプログラムを書く人はいないので、「できた！」と言っている時点で本人は完璧なプログラムを書いたと思っているはず。それでも不具合が起きるのは、**自分の想定外のことが起きる**からです。

　何が想定外だったのか？
　何を思い違いしていたのか？
　どうやったら正しくできるのか？

　こうしたことを粘り強く考えていくことで、子どもたちに
「考え抜くって簡単じゃないんだな」
「でも、頑張って考え抜いたら、いずれ正解に到達できるんだな」
　と気づいてもらえます。

　算数のテストを受けて答案用紙を見たところで、○と×しか書いていなかったら、大半の子どもは、そのままランドセルの奥にしまって自分がどこを間違えたかすらチェックしないでしょう。仮に

正しい回答が書いてあったとしても、サラッと読むだけで「自分で考え抜く」というところにまでは至りません。

徹底的に考え抜く純粋な体験ができるのはプログラミングくらいです。

気軽に「総当たり」ができないため、原因究明の思考トレーニングができる

ここで1つ補足をさせてください。

Scratchのようなビジュアルプログラミング言語はたいへん優れた言語ですが、弱点として大人が認識しておいたほうがいいと思うのは、**Scratchはプログラムがうまく動かないときに正解に辿りつくために、「総当たり」が簡単にできてしまう**ことです。

本来であれば、間違いに気づいたら問題文と自分の書いたプログラムをじっくり見返して、どこが間違えていて、どうやったら直るかを論理的に考えることが思考のトレーニングになるわけです。

しかし、Scratchは、命令を入れ替えて実行に移すことがいとも簡単にできてしまうので、とりあえず頭に浮かんだことを試すことができてしまいます。

実際のプログラミングでも、原因の究明によほど時間がかかるときは最後の手段として「しらみ潰し」で試していくということもあるので、総当たりを全面的に否定するわけではありません。

しかし、教育的な観点からすれば少しもったいない気がします。

その点、**「プログラぶっく」は、カードを置き換えたらスマホで読み取るというひと手間が入るので、気軽に総当たりができません。**ですから、子どもたちもかなり真剣に原因究明に取り組んでくれます。

プログラムに正解はない!?

正解に至る道は
いくらでもある

正解は複数あり、どれも正解

　算数の授業などでは、解答が合っていても解き方で不正解にするような理不尽なことがまかり通っています。少なくともこれはプログラミングでは絶対にあってはいけないことです。のちほど実際に問題を解いていただいたらお気づきになるはずですが、**プログラミングには正解が複数あります。**

　たとえば、「図の A 地点から B 地点にキャラクターを移動させなさい」と問題に書いてあったとします。

　このとき「右に 3 コマ、下に 3 コマ進め」というプログラムと、「右に 1 コマ、下に 1 コマ進む動作を 3 回繰り返せ」というプログラムも同じ目的を達成できます。

　もっと言えば、「左に 2 コマ、下に 4 コマ、右に 5 コマ、上に 1 コマ進め」と遠回りをしてもプログラムとして正解です。

　プログラミングを経験したことがない人には釈然としないかもしれませんが、これもプログラミングの大きな特徴です。

　算数で言うなら「『○ + □ = 5』の式を満たすように○と□を埋めよ」という問題と一緒です。**どちらが「いい答えか?」ということではなく、どちらも正解**なのです。

　もう 1 つ例を挙げましょう。

　机に置いてあるりんごとみかんといちごを棚に収納するために、

ロボットに指示を出すとします。

　机の上の果物がすべて棚に仕分けできたら目的達成ですから、プログラムとしては、りんごから運ぼうが、みかんから運ぼうが、どちらも正解です。もし果物の量が多くて机と棚の往復に時間がかかりそうだったら、大胆な発想の転換をして、ロボットに机ごと棚の横に移動させ、そこで人間が棚を片付けてもいいのです。実はこれ、**EC サイト大手 Amazon の物流倉庫で導入されている手法**で、商品棚自体がロボット化されており、仕分けをする人間のもとに自走します。

　このように、**プログラミングは、問題が複雑になればなるほど正解の種類は増えます**。プログラミングの世界では与えられた条件を満たすことが至上命題であって、それを実現する方法に正解はないと言ってもいいくらいです。

「プログラミングのおもしろさ」を 子どもたちに学んでもらう3つのポイント

　逆に言うと、「プログラミングは創造力が求められる世界である」ということです。

「こんなことがしたい（もしくは、しなくてはいけない）。じゃあ、どうやってそれをプログラムで実現できるだろうか？」

と考えることにプログラミングのおもしろさがあります。

　たとえば、私がかつて書いていたプログラムは電化製品を動かすプログラムでしたから、プログラムは基本的に短いほうがいいとされています。皆さんがテレビの音量ボタンを押したときに音量が変わるまでに2、3秒の時間差が起きると気持ち悪いと感じるはずです。それを防ぐためにプログラムはできるだけコンパクトにする必要があるのです。

とはいえ、プログラムの総量を圧縮することばかり考えて、後任のプログラマーがそのプログラムを見たときにわかりづらいプログラムだったら、それはそれで問題です。それに電化製品の仕様が途中で変わったときに、すぐにプログラムを修正できることも大切なことです。

したがって実際にプログラムを書くときは、**「プログラムの総量」と「メンテナンスのしやすさ」を同時に満たす方法はないかということを意識**しながら書いていました。

論理的に考えながらも、オリジナリティが求められるのがプログラミングなのです。

こうしたプログラミングのおもしろさを子どもたちに学んでもらうために、大人は次のことに留意してください。

① **子どもが書いたプログラムが問題の条件を満たしていれば、100点満点の正解とする。**
② **大人が考えたプログラムを「模範解答」の扱いにしない。「他にもこんな方法もあるね」くらいの扱いにする。**
③ **子どもが正解したら、「他にはどんなルートがあるかな？」もしくは「他にはどんなカードの置き方があるかな？」と尋ね、新たにプログラムを書いてもらう。**

制約は厳守

プログラミングの世界は非常に自由度が高いものですが、**決められた制約については１ミリも外れてはいけない厳格性が求められる世界**でもあります。

問題で与えられた条件を満たすことは、もちろん大前提としてあります。ただ、それだけではなく、プログラムを書くときの制約も

守らないといけません。

「プログラぶっく」の場合の制約とは、「決められた文法どおりにプログラムカードを置くこと」であったり、「限りのあるプログラムカードや並べるシートの行数の範囲内でプログラムを完成させる」といったことです。「プログラぶっく」の問題を解いているときに「カードが足りないから貸して！」は許されません。

　制約の中でプログラムを書くのも思考訓練の一環ですから、そこは大人がしっかりコントロールしたいところです。

子どものやり方を尊重する

　私たち大人が家事や仕事をするときに自分なりのやり方をしているのとまったく同じように、「プログラぶっく」を子どもたちに与えると、正解に辿りつくまでのプロセスは、子どもによってバラバラです。

　問題を解く前にプログラムカードをきれいに並べる子。乱雑に置く子。

　カードを置いたらすぐに読み取ろうとする子。じっくりチェックをする子。

　誰にも助言を求めず一人で考える子。すぐに聞く子。カンニングをする子。

　一度解いた問題を別の方法でトライする子。すぐに次の問題に進みたがる子。

　このように、**子どもによって取り組み方はさまざまですが、こうした差はできるだけ尊重**してあげてください。少なくとも、大人がやり方を強制することはしないでください。**最終的に正解に辿りつけば、アプローチの仕方は何でもいい**のです。

　「カンニングはさすがにまずくないか？」と思われる方も多いでし

ょうが、**実際のプログラマーも、わからないことがあったらインターネットで「カンニング」をします**し、それでプログラムが動いて小さな成功体験をしてもらえたら、それだけでも価値はあるのです。

　特にグループで「プログラぶっく」をする場合、わからない子がわかる子に質問をする場面がよく見受けられます。先ほど「答えは言わない」と書いたばかりですが、**子ども同士の教え合いならOK**です。教える側も論理的に説明しないといけませんし、教わる側も理解しようと努力しますので、**アクティブラーニングの形として理想的**です。

　もちろん、すべてをカンニングで終わらせて、それ以降「プログラぶっく」を開かないというのであれば、考え抜く体験ができないので、あまりいいことではありません。

　ですから、そこは大人が様子をしっかり見ながら、**「じゃあ今度は別のやり方で、自分でやってみようか」とチャレンジを促す**ような調整が必要になります。

コンピューターは便利な道具である

身のまわりはコンピューターだらけ

　私たちの生活はコンピューターなしでは考えられません。スマホはもちろん、テレビも自動ドアも自動車もすべてコンピューターが搭載されていて、人間が書いたプログラムに従って動いています。

　私も家の掃除はもっぱらロボット掃除機任せで、小さな娘も「ロボットさん頑張れー」と、邪魔にならないソファの上から応援しています。

　このようにコンピューターは私たちの生活をより快適にしてくれる存在であり、当然ながらプログラミングを一切知らなくてもその恩恵を受けることはできます。

　ただし、ここで見方を変えて**「身のまわりがこれだけコンピューターだらけになるんだったら、積極的に使い倒そう！」**という考え方になれると、その子どもはさらなる恩恵を受けられます。

　わかりやすい例でいえば、同じ職場で働く同僚でもエクセルの基本的な関数しか使えない人と複雑な関数を使いこなす人がいます。仕事の生産性も当然違ってきます。

　では、その違いはどうして生まれるのでしょうか？

　かたやコンピューターオタクだからでしょうか？

　もしくは数学が得意だからでしょうか？

　そうではない気がするのです。

　それよりももっと大きな差は、仕事で数字データを扱う中で「**こんなことができたら便利なのに**」と思ったときに、「**あ、これってエクセルでできるのかな？**」と着想できるかどうか、なおかつ「**じゃあ、ちょっと調べてみようかな？**」と実際に行動を起こせるかどうかの違い**でしかないと思うのです。

　実際、どれだけマニアックなエクセルの機能であっても、インターネットで調べれば初心者でも理解できる使い方は書いてあります。エクセルを使いこなせるかどうかは生まれ持ったスキルの差のような話ではなく、単なる姿勢の問題なのです。

コンピューターは
人間の能力を拡張してくれる道具である

　私もプログラマーを経験して一番良かったと感じるのは、デジタル技術全般、とくに**コンピューターソフトを使うことに対して心理的な抵抗がなくなった**ことです。

　たとえば私はプログラマーをやめたあと、まったく畑違いの展示会業界でブース設営の営業と現場監督を経験しています。しかし、自分で手を動かさないことに物足りなさを感じて、CAD（製図をするソフト）やグラフィックソフトの使い方を自主的に学び、数年後には自分でデザインをしてクライアントに提案するようになっていました。

　趣味が高じて釣り雑誌の編集者も経験していますが、本来ならデザイナーさんに任せるDTP（紙面をデザインするソフト）を自分でも使いこなせるように勉強しました。

　そして37歳で脱サラをしてフリーランスになった当初はライターとしての仕事が少なかったため、素人程度の知識しかなかったのに企業のホームページ制作を受注し、本とインターネットで必死に

勉強しながら完成にこぎつけ、飢えをしのぎました。

　こうしたある意味の「器用さ」は、プログラマーとしての知識が活きたというよりは、プログラマーを経験したことで**「しょせんコンピューターなんて道具だよね」という感覚**が身についていたからだと思っています。

　もちろん、その道具を使ってどこまでのことができるのかということに関しては話が別です。私がデザインしたブースやホームページがデザイン的に優れていたかどうかはわかりません。ただ、少なくとも「ソフトの使い方なんてその気になればいくらでも覚えられるし、その結果、自分の仕事の幅はいくらでも広げられる」という感覚はいまでも持っています。

　今世の中に存在する仕事は、私の娘が社会に出る20年後にはかなり様変わりしているはずです。ライターの仕事１つとっても「文字起こし（取材音源を聞いて文字にする仕事）」を自動で行う AI も出てきました。ニュース記事などを書く AI もあります。ですから、いずれ今の仕事がなくなる可能性も十分あるわけですが、そのとき私に新しいことにチャレンジする体力と気力さえ残っていれば「まあ、なんとかなるだろうな」と思っています。

　生活の質がちょっと改善するくらいなら「コンピューターを使い倒す」という必要性は感じないかもしれません。

　しかし、AI やロボットのようにデジタル技術がこれだけ進化してくると、**コンピューターを使いこなせるということは、個々の人間の能力そのものを拡張することと同じ意味合いを持つ**ようになります。今の大人が自動車の運転技術を身につける感覚で、子どもたちはコンピューターの扱いを習得していくでしょう。

一度体験することに価値がある

　コンピューターを便利な道具だと子どもたちに認識してもらうためには、何度も言うように、**脳が柔軟で何でも吸収してしまう子どものうちに自らがコンピューターに指示を出す経験をする**こと。それが一番強烈なインパクトを残せると思います。

　そのためには、最初から最後まで紙で完結してしまう、いわゆるアンプラグド（100％アナログ）の教材ではやはり不十分であり、プログラムを書くのは紙でも動作確認はスマホでするというところに「プログラぶっく」の醍醐味を感じます。

　特に課題8までいくと、キーの入力を受け付けて、押されたキーによってキャラクターの動きを変えるという、ちょっとしたゲームプログラミングが体験できますから、子どもたちにとっても「自分にもこんなことができるんだ」という自信を植え付けることができるでしょう。

　なお、「プログラぶっく」の開発チームによると、「プログラぶっく」を経験した子どもの「その後」は3パターンを想定しているそうです。

①プログラミングに興味が湧いて Scratch やロボットプログラミングに挑戦する子。
②他の問題集なども買ってプログラぶっくをやり続ける子。
③プログラミングをやめる子。

　「プログラぶっく」を経験したあとにプログラムを一度休んだとしても、十分価値はあります。一度自転車に乗ることができた人が何

年ブランクがあっても自転車に乗れるのと同じで、**小さいときにプログラミングの基礎を一通り経験した子どもは、プログラミングやコンピューターに対して不必要な拒絶反応を示さない**からです。

　コンピューターはしょせん手段であり、大事なことは目的です。今は他に夢中になれることがあってプログラミングにはまらなかったとしても、一度体験していればその後、自分が取り組んでいるスポーツや音楽などの練習で最先端のデジタルツールを使ってみようと思ってもらえるかもしれません。もしくは大学生くらいになって社会課題に意識が向き、「よし、この問題を解決できるウェブサービスを開発しよう」と一念発起するかもしれません。

　「こんなことをしたい」と思ったときに、「じゃあプログラムの力で解決しよう」という発想を持てるかどうかが、子どもたちの可能性を大きく左右します。

　「プログラぶっく」は、そのような発想を植え付けるための格好の教材なのです。

PART 2

遊びながら
プログラミングの
基本的思考を
身につける

課 題 編

「プログラぶっく」の使い方

● 用意するもの

❶ 並べるシート（ネットからダウンロードして印刷）※本書最終ページ参照。

❷ プログラムカード（本書巻末から切り離す）

❸ スマホ・タブレット（専用アプリをインストール）

● 遊び方

STEP 1	カードを並べる	問題をしっかり読み、「並べるシート」の上に「プログラムカード」を並べていきます。
STEP 2	スマホで読み込む	並べた「プログラムカード」をスマホで読み込みます。
STEP 3	動きをチェックする	スマホで実際の動きを見ます。

● プログラムカードの並べ方（ルール）

「プログラぶっく」は、カードを使ってプログラミングを進めていきます。
カードの並べ方にはルールがあります。

❶ 一番上にピンクの「ここからはじめ」のカードを置きます。

❷ その下に、動きを示す青いカード等を並べていきます。

❸ プログラムの一番下にはピンクの「ここでおわり」のカードを置きます。

このルールを守らないと、「プログラぶっく」アプリが
プログラムを認識することができないので必ず守ってください。

● 専用アプリのダウンロード

https://prograbook.com/apr03download/index.html
こちらのURLにアクセスして専用アプリをダウンロードしてください。
※iOS/Android（対応機種は上記URLを参照してください）

専 用 ア プ リ の 使 い 方

❶ インストールした「プログラぶっく」アプリを起動してください。

❷ タイトル画面から「タッチしてね」「はじめる」を順にタッチしてください。

❸ 「フォレスト01」をタッチしてください。
初回時には「フォレスト01」は未登録なので「ブック検索」をタッチして
「forest01」(半角英数字)と入力して追加してください。

❹ 体験する課題を選びタッチしてください。
目的の課題が見つからない場合は、
上下にスクロールさせることで見つけることができます。

❺ 課題を確認したら、「読み込み」をタッチし撮影を始めてください。

❻ 「読み込みボタン」で撮影に進みます。
「読み込み方」で読み込み方法のビデオが見られます。

❼ 読み込むときは、黄色い読み込みの枠いっぱいに
各プログラムカードが入るようにしてください。
「ここからはじめ」のカードを一番最初に認識させてください。

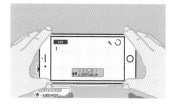

❽ ゆっくりと動かして、すべてのカードを読み込んでいきます。

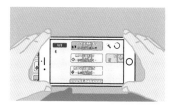

❾「ここでおわり」のカードを読み込むと、「次へ」ボタンが現れます。
「次へ」をタッチすると、読み込み終了です。
（ボタンは大きめに認識しますので、ボタンのまわりをタッチすれば次へ進みます）

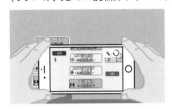

❿ 読み込みが正常に行なわれたか確認します。
上下に動かすとプログラム全体が見られます。
※読み込み間違いがないか必ず確認をしてください。
確認ができたら、「実行」のボタンを押します。
読み込みが間違えていたら「もう一度読み込み」を押して、
再度読み込んでください。

⓫ プログラムが実行されます。
「ポーズ」ボタンで実行がいったん中断されます。
今実行しているプログラムカードのところをタッチすると、
プログラムの全体が表示されます。
成功しなかったときには何度も動きを確認して、
どこが間違ったのかを探し出しましょう。

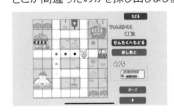

<table>
<tr><td>課題
で学ぶこと</td><td>**1**</td></tr>
</table>

「プログラぶっく」の使い方を覚えよう

　課題1「ボールを取りに行こう」では、「プログラぶっく」の基本ルールとスマホ（タブレット）の使い方を学んでいきます。

　PART1でも解説したとおり、**ルール（制約）は、プログラミングの世界においてとても重要なエッセンスです。**

　この課題では例示してあるカードの並びをそのまま並べて読み込み、「プログラぶっく」の使い方を勉強します。書いてある順番どおりにカードを並べて読み込みの練習をしましょう。

　初めて読み込むときには、まず専用アプリ内にある説明のビデオを見てください。読み込み方のコツを説明しています。

　プログラムカードを並べてそれを読み込むということが「プログラぶっく」の基本的操作になりますので、ちゃんとできるようになるまで繰り返し練習しましょう。

課題 1 ボールを取りに行こう

プロッグくんをサッカーボールのところに連れて行ってあげよう。

プログラムカードの並べ方を覚えよう

● プログラムカードは、上から下へ順番に並べていきます。
● 一番上に「〈START〉ここからはじめ」のカードを置きます。
● 一番下（プログラムの終わり）には「〈END〉ここでおわり」の
　カードを置きます。
● そして、プログラムはその2枚のカードの間に入れます。

まずは、下のカードと同じように並べてみよう！

並べ終わったら、スマホ（タブレット）で読み込んでみましょう。
ちゃんと読み込めたら、動きを確認してみましょう。

課題❶の解説とポイント

　読み込みはちゃんとできましたか？　プログラぶっくでは、「**カードを並べて、そのカードを読み込む**」というのが、基本的な作業の流れになります。読み込みがうまくいかないときは、下の「読み込みのコツ」を読んで、うまく読み込めるようにしてください。

読み込みのコツ

❶明るいところで、平らな面にカードを並べる。
（カードが反り返っている場合、平らになるように修正）

❷カードとスマホの距離はあまり離さず、
黄色い枠にカードが収まるぐらいの距離で読み込む。

❸スマホは急には動かさず1枚ずつ認識させていき、
認識後は次のカードへの移動はゆっくり動かす。

❹1枚がなかなか認識しないときは、ゆっくりカメラを
カードに2センチ程度近づけたり遠ざけたりしてみる。

❺カードの並べる向きや場所を変えてみる。
（カードの読み込むところが体や手の影にならないように注意）

❻カードに複数箇所から明かりが当たらないようにする。
カードの上に手をかざした際、影が複数出るところは避ける。

❼その場所でスマホカメラのQRコード認識アプリでQRコードをきちんと
認識するか確認。認識が遅い場合や認識しないときは、場所を変えてみる。

❽明るさが足りないときは、ライトボタンでライトを点灯すると
改善する場合がある。

❾読み込むときのスマホの向きを調整してみる。
　・iPhoneの場合：カードやシートと平行を保って読み込む。
　・Androidの場合：カードやシートと平行から少し角度をつけて読み込む。

❿タブレットなど大きい端末を使用するとき、端末が揺れてしまう場合は
両手でしっかり保持しながら、ゆっくり認識させる。

⓫連続で使用して端末が熱を持っている場合は、
しばらく時間を空けて冷ましてから使用する。

⓬それでもうまくいかない場合は、スマホを再起動をしてみる。
（機種ごとに操作方法が違うので、マニュアルなどを確認）

課題 **2** で学ぶこと 順次構造・キャラクターを動かそう

　課題2「先生のところに行こう」では、プロッグくん を実際に自分で動かしてみましょう。

　プロッグくんは、上下左右の移動プログラムカードでそのカードに書いてある方向に1マス分動きます。

　プロッグくんを、最初の位置からマップ左下にいる先生　　　の右にある「ゴール」のマスまで連れて行きます。

　今回の課題では、特に道路上の移動を指定していないので、道路上以外を移動してもOKとします。

　動きを1つずつ重ねていって処理を進めるようなプログラムの構造を「順次構造」といい、プログラムの基本構造の1つです。

　「順次構造」は、すべてのプログラムの基本となりますので、しっかり身につけましょう。

POINT プログラムカードには4色のカードがあります。

＜START＞ ここからはじめ	プログラムの最初と最後に置く、どこからどこまでがプログラムかを示すカード
MOVE RIGHT -みぎにうごく-	キャラクターの動きを指示するカード
REPEAT くりかえし	プログラムの流れを制御するカード
[TWO] Ⅱ 2	数字・パラメーターなどを指示するカード（青・黄のカードの右側に置いて使用します）

先生のところに行こう

学校で先生が待っているので、先生のところまでプログ
くんを連れて行ってあげよう。

どういうふうに歩いていけばいいか、プログラムカードで
教えてあげよう。

プログくんをゴールまで連れて行ってあげてね。

プログくんの動かし方

● プログくんは、プログラムカードに書かれている方向に1マス
進みます。

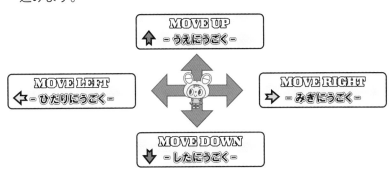

● スタートとエンドの間に、動きのプログラムカードを並べてね。

ここに並べます

課題❷の解説とポイント

　今回の課題では、「道路上を移動しなければならない」という条件を提示していないので、以下の2種類のプログラムは両方とも正解となります。

解答例

● 道路上を動いて行くもの　　　　● 道路以外も通るもの

　この他にもいろいろな正解ルートがあります。プログラムは、提示された条件に従い制作していきます。途中の過程などは、自由に制作することが可能です。

　普通の学習の場合、結果とそれに至る過程は１つであることが多いですが、プログラミングは、途中の過程が複数あることが一般的です。

　やり方をいろいろ工夫して、「考える」ことが大切です。

　寄り道をしたりすることも OK です。

> **TOPICS** プログラムは、あらかじめ設定された仕様（目的）を満たすようにつくります。そこに記載された条件などをよく読み、プログラミングをしなければなりません。その際の実現の仕方はさまざまで、何が目的なのかをしっかり考え、それを満たすようなプログラムをつくっていきます。

課題 **3** で学ぶこと 順次構造・ プログラムをまとめよう

　課題2に続いて、課題3「車のところまで行こう」でも、「順次構造」のプログラミングをしていきます。

　この課題では、スタートとゴールの距離が離れていて、単純に移動のプログラムカードを使うだけではゴールに到達できないようになっています。

　同じ方向のプログラムカードが続く場合、移動のプログラムカードの右側に数字のカードを置くことによって、「そのプログラムカードを何枚分繰り返すか」を表すことができます。

● **数字カードは1枚しか置くことができませんのでこのようには使えません。**

✕ | MOVE LEFT ← - ひだりにうごく - | [THREE] III **3** | [FOUR] IV **4** |

● **7がなくなってしまって、どうしても3と4のカードを使って表したい場合は、**

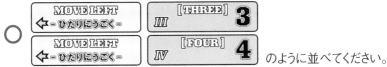

のように並べてください。

プログラぶっくでは、限られた「移動カード」と「数字カード」を組み合わせて課題に取り組んでいきます。

POINT プログラぶっくでは、一人一人のカードの枚数を考えて課題を設定しています。他の人のカードと混ぜて使わないように気をつけてください。

TOPICS プログラぶっくで使用しているプログラムカードは、プログラミングの世界で一般的に「命令」「コマンド」などと呼ばれているものです。

課題 3 車のところまで行こう

プロッグくんを車のところまで連れてってあげよう。

数字カードによる「まとめ」

● 同じ方向への動きが続くと、プログラムカードが足りなくなって
きます。そのようなときに使うプログラムカードが数字カードです。
● 同じ動きのプログラムカードが続くときは、動きのカードの右に
数字のカードを置くことでカードをまとめることができます。

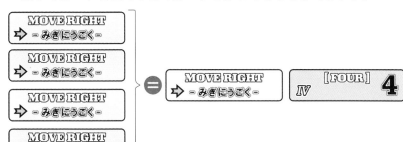

このように、数字カードを使って、長いプログラムを短くしましょ
う。

● 数字カードを置くときには、ちゃんと位置を合わせましょう。

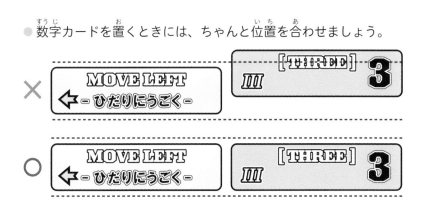

課題❸の解説とポイント

解答例

　この課題の場合、道路上を通るだけでもさまざまなゴールの仕方があると思います。

　また、「車に向かう途中で、お店に寄ったらどうなるだろう」など、いろいろな条件を追加してプログラムをつくってみるのもいいでしょう。

　なお、ゴールの位置が課題2ではキャラクターの上になかったのが、この課題では車のキャラクターと重なっていることに注意が必要です。

　課題をよく読んで、ゴールがどこなのか認識することも大切なことの1つです。

> **TOPICS** プログラぶっくで使う数字カードは、プログラミングにおいて一般的に「パラメーター」や「引数」と呼ばれているものです。プログラムの動きに、数字や条件を伝えるものです。

課題 4
で学ぶこと

フラグ

　課題4「ぬいぐるみを拾って行こう」では、今まではゴールすることだけが条件だったところに、途中でクリアしなければいけない条件が新しく1つ加わります。

　ゴールする前に、ぬいぐるみを拾ってからゴールへ向かうことになります。

　プログラミングの世界では、ある条件が満たされたかどうかを記録する変数のことを「フラグ」と呼びます。

　今回はぬいぐるみがフラグになっていて、拾うことによりフラグが立ち、フラグが立った状態でゴールをすると正解となります。

　なお、ぬいぐるみを拾うときに停止する必要はありません。上を通過することで拾うことができます。

POINT プログラムには、複数の条件が設定されていることが多くあります。条件をよく確認し、プログラムをつくるのに必要なものは何か、正確に把握することが大事です。

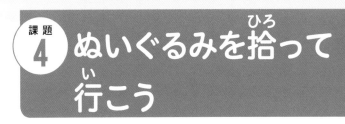

課題 4 ぬいぐるみを拾って行こう

ロッピーちゃんがぬいぐるみをどこかに落としてしまって困っているぞ。助けてあげよう。ぬいぐるみを拾って、ロッピーちゃんのところ（ゴール）まで持って行こう。

文章（課題）をしっかり読んで理解する

ちゃんとぬいぐるみを拾って、女の子のところに持って行ってあげよう。

ぬいぐるみは、上を通るだけで拾うことができるよ（その場で止まらなくてもOK）。

いくつかルートが考えられるので、いろいろ試してみてね。

課題❹の解説とポイント

解答例

　プログラミングでは、さまざまな条件やフラグを考えながら進めていきます。

　このようにプログラミングでは**課題（目的）を把握し、それを達成できるようなプログラムをつくることが大事**です。

　課題をしっかり読んで内容を正確に理解してから、プログラミングしましょう。

　今回の課題でもわかるとおり、プログラムは理系の知識・理解よりも文系の素養が非常に重要になってきます。

POINT ゴールの位置は女の子のところではなくて前の「ゴール」の文字が入っているマスなので注意が必要です。

TOPICS フラグとは、条件判定などの命令を実行する際に結果を保存しておく領域などのことを指します。プログラムのさまざまな場面でフラグは利用されます。たとえば、プログラムの流れの制御や計算の結果など、多岐にわたりいろいろな形で使用されます。

課題 5 で学ぶこと 繰り返し

課題5「気をつけて歩こう」では、「くりかえし」のプログラムカードを使って「繰り返し」の処理を学習します。

この課題では、ジグザグに進んでいくプログラムをつくっていくと、同じようなカードの繰り返しがあることに気づきます。

その同じカードの繰り返しは、「くりかえし」のプログラムカードを使うことでまとめることができるようになります。

繰り返す回数の数字カードは、必ず「くりかえし」カードの右に置いてください。横に置くときは位置に気をつけてください。ずれていると誤認識のもとになります。

「繰り返し」の処理は、プログラムの構造の中でも重要な構造の1つです。

まずは、この課題で「くりかえし」のプログラムカードの使い方をマスターしましょう。

なお、この課題は、通路以外は通行できないので、注意が必要です。

POINT プログラムを組み立てていくと、同じ組み合わせのカードが連続で出てくるので、どこで「くりかえし」のカードを使えばいいかわかりやすいと思います。

課題 5 気をつけて歩こう

地下に入ったプロッグくん。通路を通ってゴールを目指そう。通路以外は通れないので気をつけようね。

68

「くりかえし」カードでまとめる ①

● 同じカードの並びが繰り返されるときは、REPEATくりかえし
カード [REPEAT くりかえし] [REPEAT END くりかえしここまで] で、動きのプログラムカードをまと
めることができます。

まとめ方の例

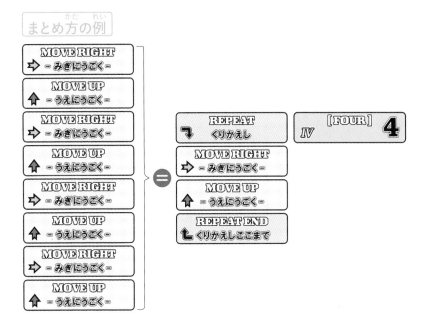

数字カードを置くときには、ちゃんと位置を合わせるように気をつ
けよう。ずれて置いてしまうと、ちゃんと動かないぞ。

解答例

< START >
S ここからはじめ

REPEAT
↳ くりかえし

[FIVE]
V **5**

MOVE UP
⬆ - うえにうごく -

MOVE RIGHT
⇨ - みぎにうごく -

} ここをくりかえします

REPEAT END
⬑ くりかえしここまで

MOVE UP
⬆ - うえにうごく -

< END >
E ここでおわり

　この課題は、基本的にこの解答が正解となります。この課題の場合、あまり解答のバリエーションはありません。

TOPICS 「くりかえし」で使用している繰り返し回数を数えているものを「カウンタ」と呼びます。カウンタもプログラミングの重要な要素の1つです。プログラムを考えるときに、カウンタの増減を意識しながらつくる必要があります。

課題 **6** で学ぶこと

繰り返し・カウンタ

課題6「リンゴを3つ持って行こう」も「繰り返し」の勉強です。ただ、今度の繰り返しは課題5の繰り返しと少し違います。

課題5の繰り返しは、同じ命令の繰り返しをつくりましたが、同じ動作を繰り返す処理ではありませんでした。

今回は、同じ（結果の）処理をするプログラムを作成します。

POINT このプログラムをつくる際には、2つの注意すべきポイントがあります。

①どこからどこまでを繰り返しの範囲とするか

②繰り返しの回数

この2点には注意を払ってください。

課題 6 リンゴを 3つ持って行こう

おじいちゃんにリンゴを3つ持って行こう。1回に1つしか持てないから1つずつ持って行こうね。おじいちゃんに3つ渡したらゴールを目指そう。

「くりかえし」カードでまとめる ②

- 課題5と同じく「くりかえし」カードを使用します。
- 同じカードの並びが繰り返されるときは、REPEATくりかえしカード ［REPEAT くりかえし］ ［REPEATEND くりかえしここまで］ ではさむことで、動きのプログラムカードをまとめることができます。

まとめ方の例

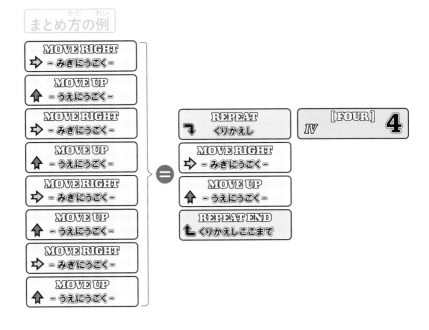

数字カードを置くときには、ちゃんと位置を合わせるように気をつけてね。ずれて置いてしまうと、ちゃんと動かないぞ。

課題❻の解説とポイント

解答例

< START > ここからはじめ		
MOVE LEFT -ひだりにうごく-		
REPEAT くりかえし	III [THREE]	**3**
MOVE LEFT -ひだりにうごく-	III [THREE]	**3**
MOVE DOWN -したにうごく-	II [TWO]	**2**
MOVE RIGHT -みぎにうごく-	III [THREE]	**3**
MOVE UP -うえにうごく-	II [TWO]	**2**
REPEAT END くりかえしここまで		
MOVE LEFT -ひだりにうごく-	IV [FOUR]	**4**
MOVE UP -うえにうごく-	II [TWO]	**2**
< END > ここでおわり		

　よくある間違いとしてあるのが、「繰り返しを開始する場所を間違えてしまう」ことです。最初に立っている位置から「くりかえし」カードを使ってしまうと、繰り返すたびに開始の位置がずれていってしまいます。

　上の解答例だと最後はりんごのところへ戻ってしまうので、りんごを持った状態でゴールすることになってしまいます。おじいちゃんにりんごを渡してからすぐゴールに向かうようにするために、「一度おじいちゃんのところまで行き、おじいちゃんのところからりんごのところに戻りりんごをまた持ってくる」という処理を繰り返す部分にすると、3個持ってくるためには、最初に1つ持ってきているので、繰り返す回数は2回が正解となります。

　このように、「繰り返すところをどこに設定するのか」によって繰り返す回数の指定部分が変わることがありますので注意しましょう。

2重ループ

　課題7「後片付けをしよう」は、ちょっと複雑な問題となります。

　4つのバケツ（アイテム）を集めていく課題ですが、移動できるのは道の上だけになります。

　そのままでは移動カードが不足するため、今回の課題では「二重ループ」と呼ばれる構造を使用します。2重ループは、課題5、6で学んだ繰り返し処理をさらに繰り返し処理で包み込む処理（プログラミングの世界では「入れ子」と呼びます）となります。

　課題6で注意したように、「どこからどこまでを繰り返すのか」が非常に重要なポイントです。

　この課題は、通路（バケツのところも含む）以外は通行できないので、注意が必要です。

POINT バケツの回収は、課題4のぬいぐるみと同じように、上を通るだけで取ることができます。

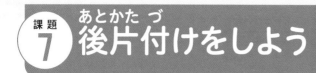

バケツを 4 つ集めてゴールを目指そう。ここでは、通路しか通れないから気をつけてね。

「くりかえし」カードはこんな使い方もできる

- 「くりかえし」カードは、こんな使い方もできるよ。

使い方の例

　こうすると、繰り返しでつくったプログラムを繰り返すことができるようになるんだ。これは、「上下に３回動いてから、右に移動する」を２回繰り返すという意味になります。
　この方法を使って、バケツを集めよう。

課題 7 の解説とポイント

解答例

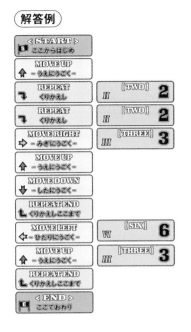

　このプログラムの重要なポイントは、「繰り返し」の中にまた「繰り返し」があることです。中の繰り返しの役割と外の繰り返しの役割をよく考えて、プログラミングしましょう。

　中の繰り返しが「横の移動とアイテムの回収」、外の繰り返しで「縦方向の移動」を行なっています。中の繰り返しでの移動開始地点と移動終了地点が同じパターンであることがポイントです。そこがずれてしまうと、外側の繰り返しで正常に動かなくなります。

TOPICS ここでは2重ループを使いましたが、3重ループや4重ループなど、複雑なループも存在します。それらをまとめて「多重ループ」といいます。複雑なデータ処理やCGの描画などに利用されます。

課題 **8** で学ぶこと

分岐（判断分）

課題8「ボールをシュートしよう」では、ゲームをつくってみましょう。今回はゲーム風のプログラムをつくるので楽しいのですが、複雑な構造なので、難しいようなら2段階に分けてつくってみましょう。

2段階でつくるときの例

81ページの課題の穴埋めは2段階目のものになっています。1段階目のときは81ページを子どもに見せずに（隠して）やらせてください。

● **1段階目**

まずは「アクション」のカードの使い、シュートをするプログラムをつくります。
新しいカードACTIONを使って、ボールをシュートしよう。

  これで、上方向にシュートを放ちます。

 ボールがスネッキーくんのところに行ってしまうと"ざんねん"。
両サイドの三角のところにボールが行くとゴールとなり、
勝ちになります。

● **2段階目**

移動中に画面をタッチすると、シュートする。
サッカーのPK風のゲームプログラムをつくります。

タッチするとシュートし、タッチしないと
右へ動きます。新しいカードBREAK
で繰り返しから抜けます。

課題のシートには、正解のプログラムのシュート処理部分は書いてありますが、ループ処理の部分が抜けている穴埋め形式になっています。

課題 8 ボールをシュートしよう

スネッキーくんとサッカーで遊ぼう。青い三角のマークの
ところにボールをシュートすればプロッグくんの勝利だ！

青い「？」に、どんなカードを入れればいい?

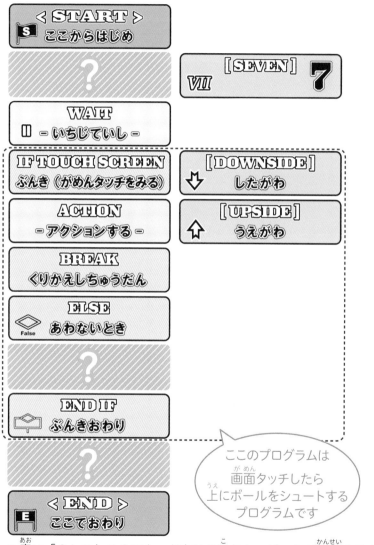

● 青い「？」のところにカードをはめ込むと、ゲームが完成するよ。

どんなカードをはめ込めばいいかな?

● 芝生の上でしかプレイできないので、芝生から出ちゃダメだよ。

課題❽の解説とポイント

解答例

● 1段階目

これでスネッキーくんの
左側にシュートします。

とすると、右側にシュートします。
解答例は繰り返し数が7に
なっていますが、
どの数字が入ってもゲームは
成り立ちます。
5より大きい数だと最後は
ゴール前を通り過ぎ、
それより小さい数だと最後に
ゴール前で止まります。
これで、左から右に動いていき、
タイミングよく画面の
下半分のどこかをタッチすると、
その場でシュートします。
動いた直後にタッチの
判定をしているので、
早めにタッチをしたほうが、
思いどおりのところで
シュートします。

● 2段階目

TOPICS 移動のカードのあとの「WAIT」カードは、「IF TOUCHSCREEN」が画面のタッチをチェックするタイミングが短いため、わかりやすくするために挿入してあります。外すとどのような動作になるかも、試してみてください。

課題 **9**
で学ぶこと

プレゼンテーション

　課題9「いろいろ試してみよう」では、ゴールなどは特には設定されていません。大人も子どもも一緒になって物語をつくって、プログッくんを動かすプログラムをつくってみてください。

（ プログラム作成例 ）

● 右下の花壇に水をあげよう

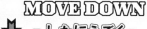

POINT イラストを見ながらお子さん自身にストーリーをつくらせて、その動きのプログラムをつくり、「そのストーリーと動きをプレゼンする」というようなこともさせるといいでしょう。

今回はゴールはありません。自分でゴールを決めてね。そして、イラストを見ながら、自分で物語をつくって、プログッグくんを自分で決めたゴールまで動かしてみよう。

自分で物語をつくり、プログくんを動かす

1 ゴールを決めよう

2 イラストを見ながら物語を考えて、つくろう

物語（課題）を書く

3 物語に合わせて、カードを並べてみよう

カードを並べて動かす（プログラムをつくる）

「プログラぶっく」応用例

「プログラぶっく」で学習する際には、さまざまな課題の出し方を応用することができます。

デバッグ体験

いったん正解のプログラムをつくっておき、一部を間違いのものに入れ替えて用意し、正解を探させるようにします。課題の肝である部分はそのままにしておいて、その他の部分で間違いを入れるようにするといいでしょう。

実際のプログラミングの現場でも、自分のつくったプログラムの修正だけではなく、他人のつくったプログラムの利用・修正はよくあるシチュエーションです。

プログラムの最適化

間違いを探すデバッグの他、わざと無駄なプログラムをつくり、最適なプログラムを考えさせることもできます。他人のプログラムを改造・最適化することも重要なプログラミングの作業の１つとなります。

実際のプログラミングの世界でも、他人のつくったプログラムを読むことは日常的に行なわれており、重要な作業になります。

これらは決して難易度が大きく上がるものでなく、逆にある程度できたプログラムを見ることで、難しいプログラミングにも取り組めるようになります。ぜひ試してみてください。

課題を終えて——監修者から読者の皆さんへ

　いかがだったでしょうか。

　プログラミングは決して難しいものではありません。

「プログラぶっく」で学べるのは、プログラミングの基礎の部分ですが、考え方の基本さえつかめれば、さまざまなことに応用が効くようになります。

　パソコンなどを使用したプログラミング学習でも、プログラミングの考え方は、今回の「プログラぶっく」で学んだものと一緒です。「プログラぶっく」でプログラミングの考え方の基礎をマスターできれば、その後のパソコンなどを使用したプログラミング学習もスムーズに習得できるはずです。「あっ！　これは、プログラぶっくで学んだ『分岐』と一緒だ」といったことが起こってきます。

　お子さんはもちろん、大人の皆さんも「プログラぶっく」から始めて、プログラミングの世界へ飛び出してみてください。

世界中の子どもたちに
プログラミング教育の機会を
つくりたい
──「おわりに」にかえて

「プログラぶっく」の開発コンセプトは、「世界中のすべての子どもたちにプログラミング教育の機会を創出すること」です。

　あくまでも目的は、子どもが小さいときにプログラミングを一度体験してもらうこと。プログラミングとはどういうものなのかを知り、コンピューターをより身近な存在にしてもらうことです。

　この「プログラぶっく」を使ってプログラマーを育成しようとか、高機能なアプリをつくってもらおうといったことは、まったく考えていません。

　そうした領域に興味を持ってもらえる子どもを増やすための最初の一歩として最適化されたのが、この「プログラぶっく」なのです。

　今、日本では、子どもたちにプログラミング教育を施す環境が少しずつ整備されつつあります。しかし、私たちの目からすると、機材代や塾代はまだまだ高価で、プログラミングを教えられる大人も少なく、正直このペースで全員に普及するのかという懸念があります。

しかし、コンピューターが空気のような存在になるこれからの時代を生きる子どもたちにとって、プログラミング教育は「生きる力」を身につける教育そのものです。

　それだけ大事な教育であるならば、本来は地域格差、経済格差、大人のコンピューターリテラシー格差などによって、教育の質にバラツキがあってはいけないと思っています。

　では、どうやったらそういった格差をなくすことができるか？

　それをとことん考え抜いてたどりついた形が、紙とスマホがあれば学ぶことができ、しかもプログラミングを知らない大人でも教えられる学習キットだったのです。

　発展途上国であっても（中国産の安価なスマホがあるため）スマホの普及率は高いので、いずれ「プログラぶっく」を世界中に普及させたいと思っています。

　10年後、20年後にコンピューターを駆使しながら活躍している若い人たちに、「プログラミングに興味を持ったきっかけは、なんか紙のカードを並べるやつだったなぁ。懐かしいなぁ」とこぞって言ってもらえるようになることを夢見て、これからもプログラミング教育の発展に寄与していきたいと思います。

2019年12月 **「プログラぶっく」開発チーム一同**

（著者）**郷　和貴**（ごう・かずき）

元プログラマーのブックライター。3歳児（本書刊行時）のパパ。早稲田大学第一文学部哲学科人文専修卒。国産OSメーカーでのエンジニアとしてのキャリアを皮切りに、米国半導体メーカーの技術営業、イベントプロダクションのプロジェクトマネージャー、雑誌編集者など多彩な職種を経て独立し、本の世界に入る。共著に『東大の先生！　文系の私に超わかりやすく数学を教えてください！』（かんき出版）。

（監修者代表）**飛坐賢一**（ひざ・けんいち）

株式会社プログラぶっく代表取締役CTO。

ファミコンの時代からゲーム制作会社でプログラマー・ディレクターとして数多くの有名タイトルのゲームをリリース。独立後はゲーム開発のみならず、デジタルとリアルをつないだ、アニメ関係のイベント運営やキャンペーン立ち上げなど行なう。

2016年末より、低年齢向けゲームを数多く制作した経験をもとにCOOの大木章とともに「プログラぶっく」の開発をスタート。また現在は、クラーク国際記念高校にてゲームプログラミングの講師としてプログラミング教育の現場にも立っている。

プログラミングをわが子に
教えられるようになる本

2020年1月3日　初版発行

著　者　　郷　和貴
監修者　　プログラぶっく
発行者　　太田　宏
発行所　　フォレスト出版株式会社
　　　　　〒162-0824　東京都新宿区揚場町2-18 白宝ビル5F
　　　　　電話　03-5229-5750（営業）
　　　　　　　　03-5229-5757（編集）
　　　　　URL　http://www.forestpub.co.jp

印刷・製本　　中央精版印刷株式会社

プログラぶっく

並べるシート
（PDF ファイル）

プログラムカードの説明
（PDF ファイル）

無料ダウンロードURLはこちらから

http://frstp.jp/prg

　上記URLのウェブページよりメールアドレスをご登録ください。上記ファイルをダウンロードできるページをご案内します。
　通常のコピー用紙（A4サイズ）で、プリントアウトしてください。
　表面にテカリがあるような特殊紙でプリントアウトすると、アプリが読み込めない可能性がありますのでご注意ください。

< START > S ここからはじめ	II [TWO] **2**	V [FIVE] **5**
< END > E ここでおわり	II [TWO] **2**	
REPEAT ↳ くりかえし	II [TWO] **2**	
REPEAT END ↰ くりかえしここまで	II [TWO] **2**	VI [SIX] **6**
REPEAT ↳ くりかえし	III [THREE] **3**	
REPEAT END ↰ くりかえしここまで	III [THREE] **3**	
BREAK くりかえしちゅうだん	III [THREE] **3**	VII [SEVEN] **7**
IF TOUCH SCREEN ぶんき（がめんタッチをみる）	IV [FOUR] **4**	
ELSE ◇ False あわないとき	IV [FOUR] **4**	
END IF ⬠ ぶんきおわり	IV [FOUR] **4**	
ACTION - アクションする -	V [FIVE] **5**	

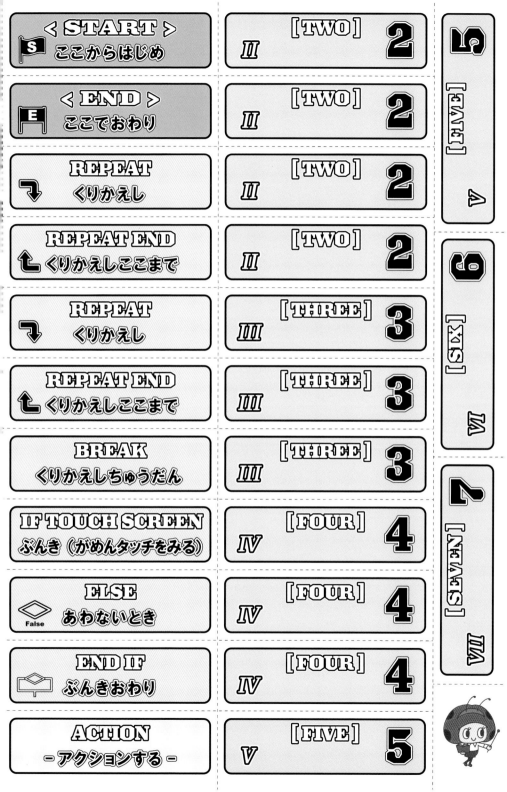

MOVE UP ⬆ －うえにうごく－	**MOVE UP** ⬆ －うえにうごく－
[UPSIDE] ⬆ うえがわ	**MOVE UP** ⬆ －うえにうごく－
MOVE DOWN ⬇ －したにうごく－	**MOVE DOWN** ⬇ －したにうごく－
[DOWNSIDE] ⬇ したがわ	**MOVE DOWN** ⬇ －したにうごく－
MOVE LEFT ⬅ －ひだりにうごく－	**MOVE DOWN** ⬇ －したにうごく－
[LEFTSIDE] ⬅ ひだりがわ	**MOVE DOWN** ⬇ －したにうごく－
MOVE RIGHT ➡ －みぎにうごく－	**MOVE LEFT** ⬅ －ひだりにうごく－
[RIGHTSIDE] ➡ みぎがわ	**MOVE LEFT** ⬅ －ひだりにうごく－
MOVE LEFT ⬅ －ひだりにうごく－	**MOVE LEFT** ⬅ －ひだりにうごく－
MOVE RIGHT ➡ －みぎにうごく－	**MOVE RIGHT** ➡ －みぎにうごく－
MOVE RIGHT ➡ －みぎにうごく－	**MOVE RIGHT** ➡ －みぎにうごく－

MOVE UP
－うえにうごく－ ⬅

MOVE UP
－うえにうごく－ ⬅

WAIT
－いちじていし－ ＝